Ce livre appartient à :

____

____

Introduction

Le type de méditation le plus courant est basé sur le concept de vairagya. Vous êtes censé être assis dans une position confortable, les yeux fermés et le corps immobile. Ensuite, vous laissez les pensées et les sentiments apparaître et disparaître sans les provoquer ou les arrêter volontairement.

Cela semble plus facile que cela ne l'est.

En pratique, la méditation est un énorme défi pour les débutants. Ils s'attachent à une pensée, et ils vont trop loin.

L'écriture est beaucoup plus facile. Vous devez vous concentrer sur quelque chose : le processus d'écriture. Les pensées et les émotions sont donc en arrière-plan, et vous les mettez sur le papier. Il est possible de rester détaché lorsque l'on écrit des pensées et des sentiments. Vous vous améliorerez avec la pratique.

Lorsque vous essayez de surmonter des pensées négatives, le fait d'écrire à leur sujet peut vous aider à briser le schéma.

Une fois que vous êtes dans le tourbillon de la pensée négative, elle vous consume. Une pensée en entraîne une autre, et bientôt vous êtes tellement déprimé que vous ne voyez pas comment sortir de la mauvaise situation. A quoi sert l'écriture ? Elle vous aide à voir les choses sans être trop attaché.

Quand tu écris, les problèmes ont tendance à paraître moins graves. Tu peux agir comme si tu écrivais sur une autre personne qui a ce problème. Créez un personnage et écrivez. Observez. Que peut faire cette personne pour s'en sortir ? Pensez à une solution. Peut-être pouvez-vous la mettre en œuvre ?

Chaque soir, avant de vous coucher, demandez-vous : Comment je me sens ? Écrivez tout ce qui vous vient à l'esprit. Ne vous préoccupez pas du style et de la forme. Écrivez simplement. Après deux semaines de pratique, vous pouvez évaluer les choses que vous avez écrites. Vous remarquerez que vous vous améliorez déjà. Vous pouvez écrire plus rapidement et le texte est plus facile à lire et à comprendre. Imaginez ce que des années de pratique feraient à vos compétences en matière d'écriture !

Essayez d'exprimer vos sentiments et écrivez pendant cinq minutes aujourd'hui. Peut-être devrez-vous vous forcer à le faire pendant quelques jours, mais faites-le. Vous ne remarquerez même pas comment la pratique se transforme en routine. À un moment donné, vous vous rendrez compte que vous n'avez pas de mal à écrire. Au contraire, vous vous sentirez bien en le faisant.

Date__/__/__

Notes d'aujourd'hui

"Tout ce que vous pouvez imaginer est réel" - Pablo Picasso

Challange

Cartographie de l'esprit et méditation

Date __/__/__

Notes d'aujourd'hui

"Quand une porte du bonheur se ferme,
une autre s'ouvre ; mais souvent nous
regardons si longtemps la porte fermée
que nous ne voyons pas celle qui nous a
été ouverte." - Helen Keller

Challange

Cartographie de l'esprit et méditation

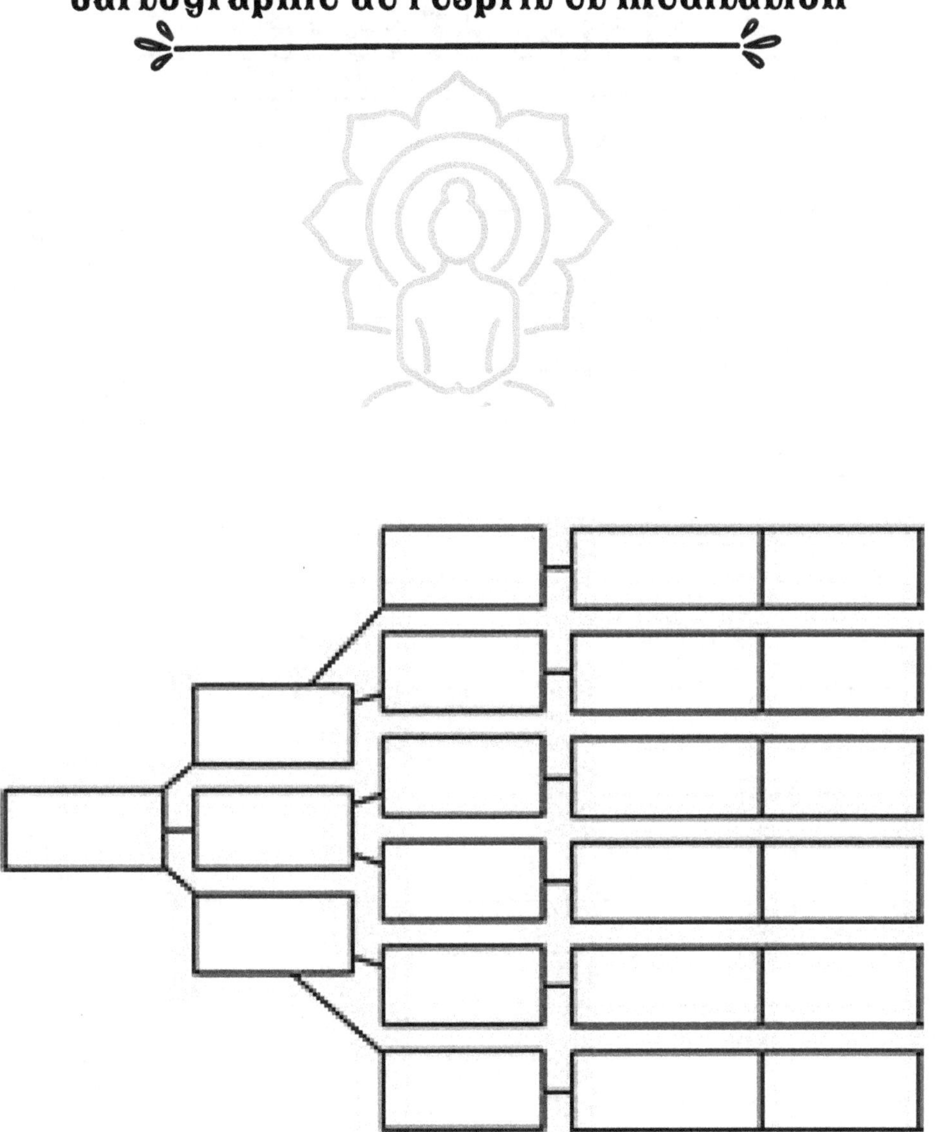

Date__/__/___

Notes of today

"Ça ne sert à rien de retourner à hier,
parce que j'étais une personne
différente à l'époque" - Lewis Carroll

Challange

Cartographie de l'esprit et méditation

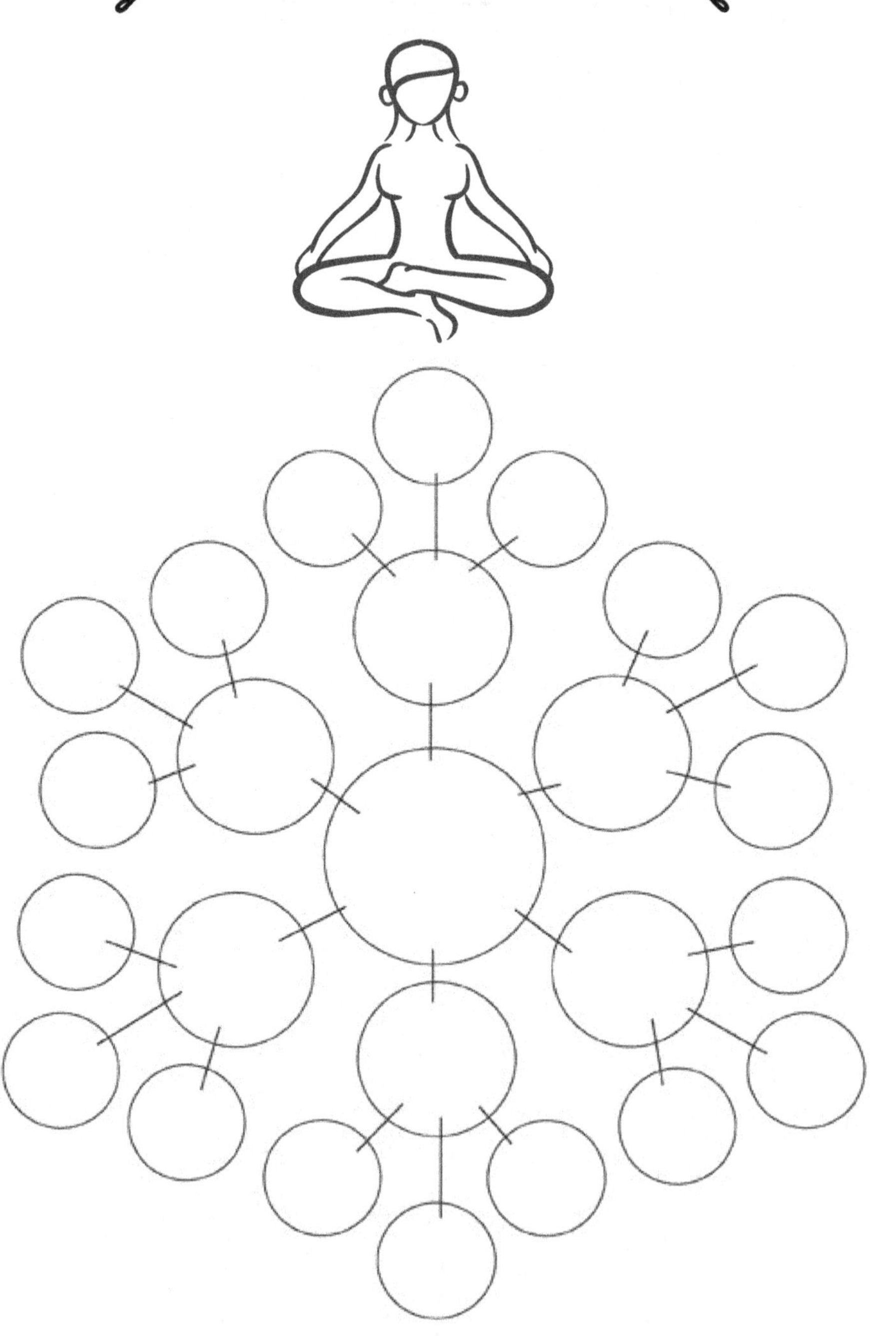

Date__/__/__

Notes of today

——"♡"——

"Faites chaque jour une chose qui vous effraie" - Eleanor Roosevelt

Challange

Cartographie de l'esprit et méditation

Date__/__/___

Notes d'aujourd'hui

"Ça ne sert à rien de retourner à hier,
parce que j'étais une personne différente à
l'époque" - Lewis Carroll

Challange

Cartographie de l'esprit et méditation

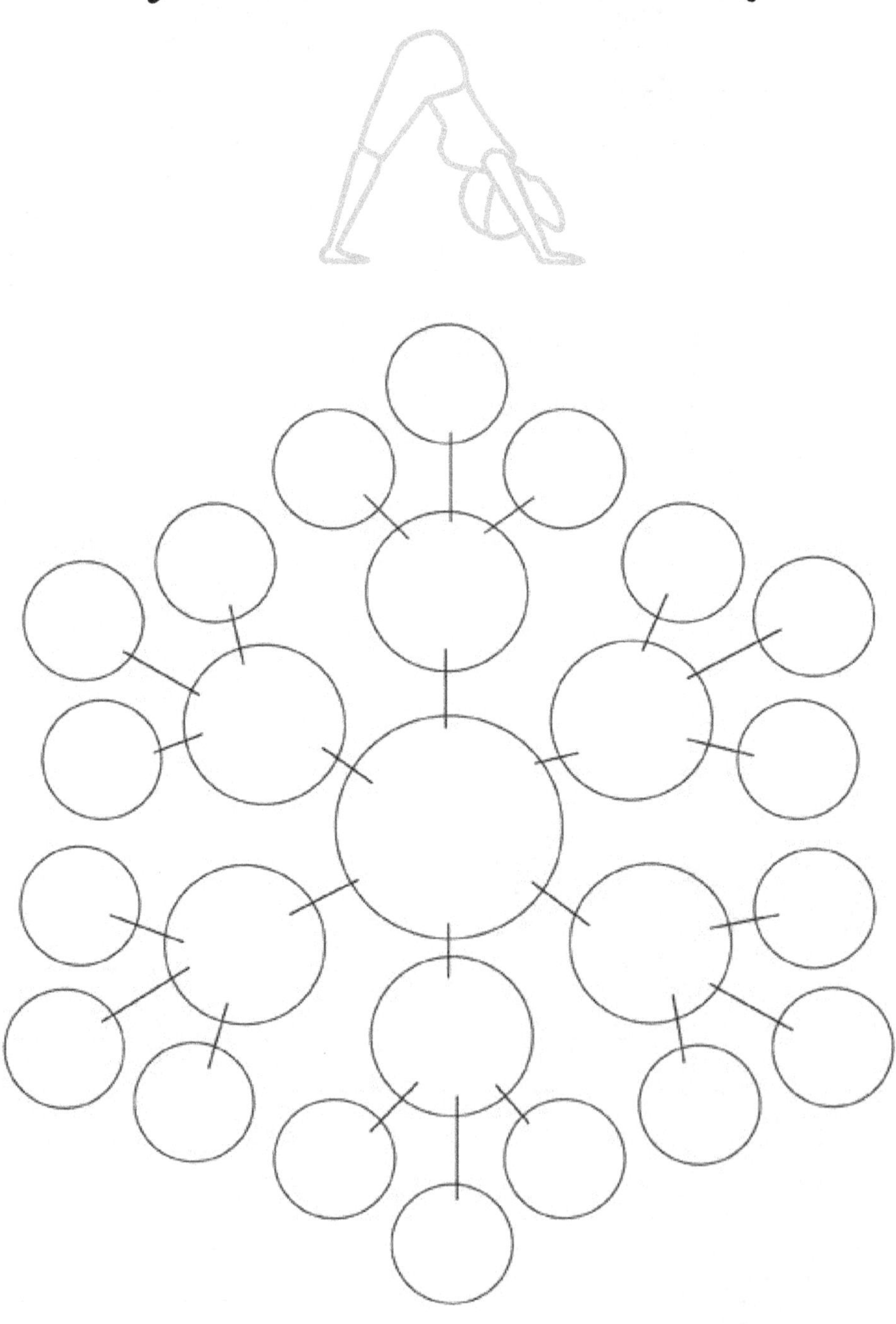

Date__/__/__

Notes d'aujourd'hui

"Les gens intelligents apprennent de tout et de tous, les gens moyens de leurs expériences, les gens stupides ont déjà toutes les réponses." - Socrates

Challange

Cartographie de l'esprit et méditation

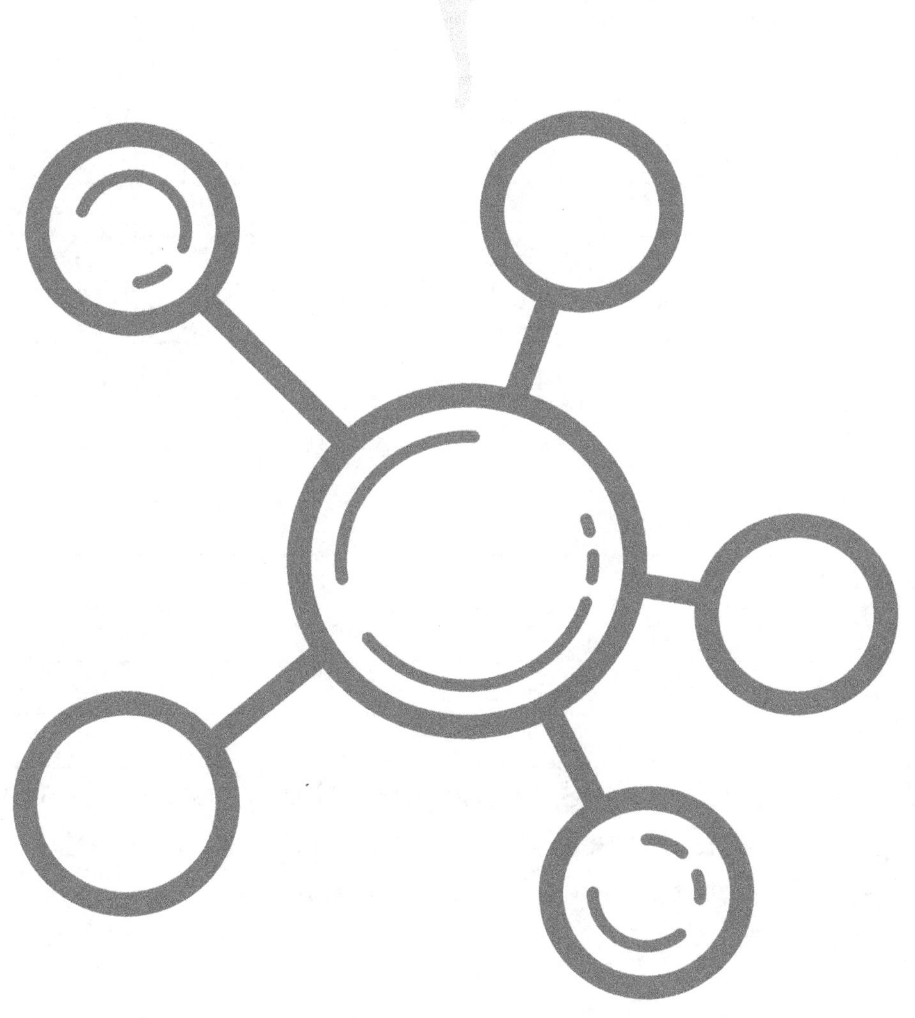

Notes d'aujourd'hui

"Faites ce que vous ressentez dans votre coeur pour avoir raison - car vous serez de toute façon critiqué" - Eleanor Roosevelt

Challange

Cartographie de l'esprit et méditation

Notes d'aujourd'hui

"Quoi que tu sois, sois bon." - Abraham Lincoln

Challange

Cartographie de l'esprit et méditation

Date__/__/___

Notes d'aujourd'hui

"Si nous avons l'attitude que ce sera un grand jour, c'est généralement le cas." - Catherine Pulsifier

Challange

Cartographie de l'esprit et méditation

Date__/__/___

Notes d'aujourd'hui

"La magie, c'est croire en soi-même. Si vous pouvez faire en sorte que cela arrive, vous pouvez faire en sorte que tout arrive". - Johann Wolfgang Von Goethe

Challange

Cartographie de l'esprit et méditation

Date__/__/___

Notes d'aujourd'hui

"Impossible n'est qu'une opinion". - Paulo Goelho

Challange

Cartographie de l'esprit et méditation

Date__/__/__

Notes d'aujourd'hui

"Tous nos rêves peuvent se réaliser, si nous avons le courage de les poursuivre." - Walt Disney

Challange

Cartographie de l'esprit et méditation

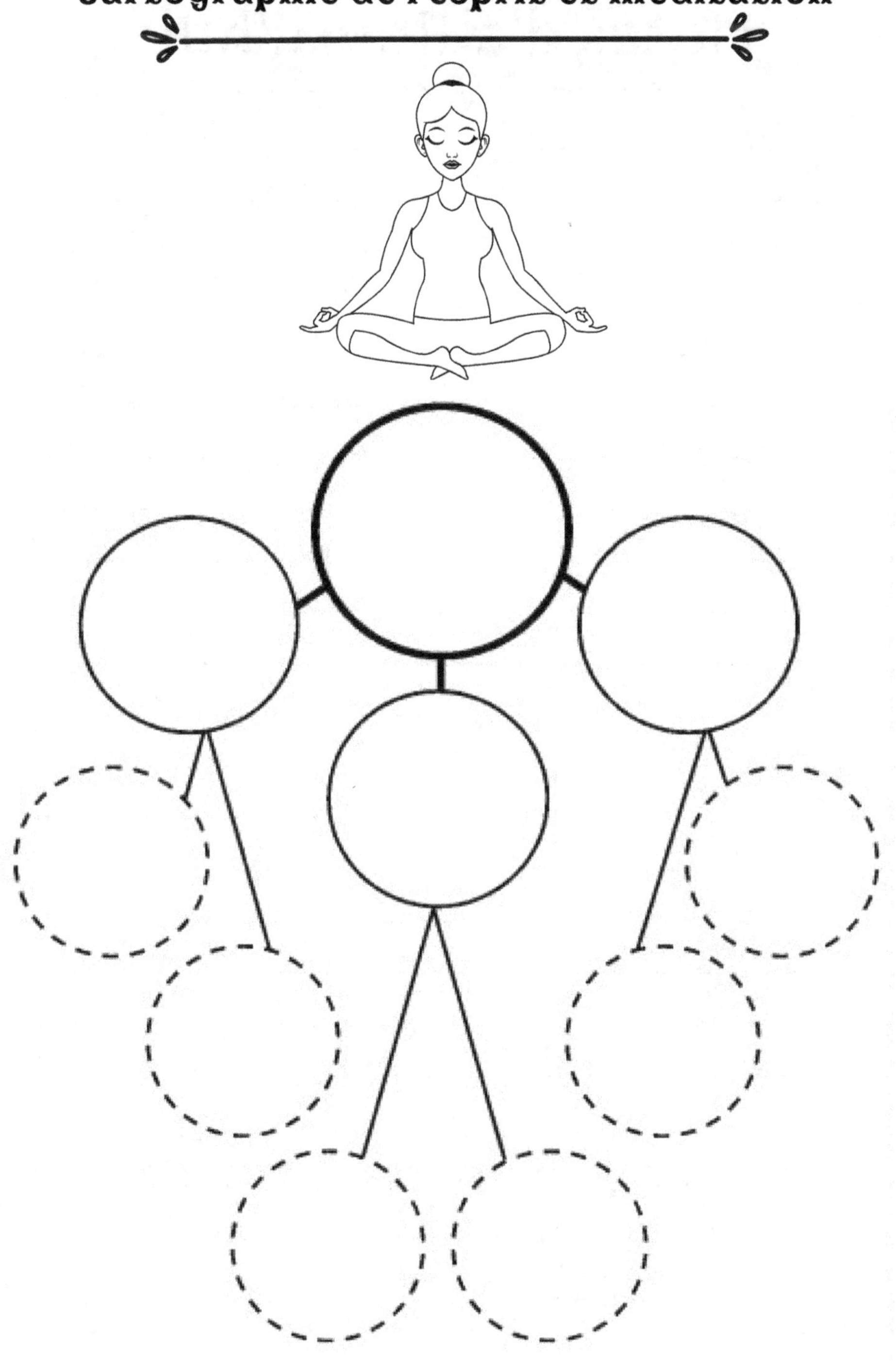

Date__/__/__

Notes d'aujourd'hui

"Le secret pour avancer, c'est de commencer". - Mark Twain

Challange

Cartographie de l'esprit et méditation

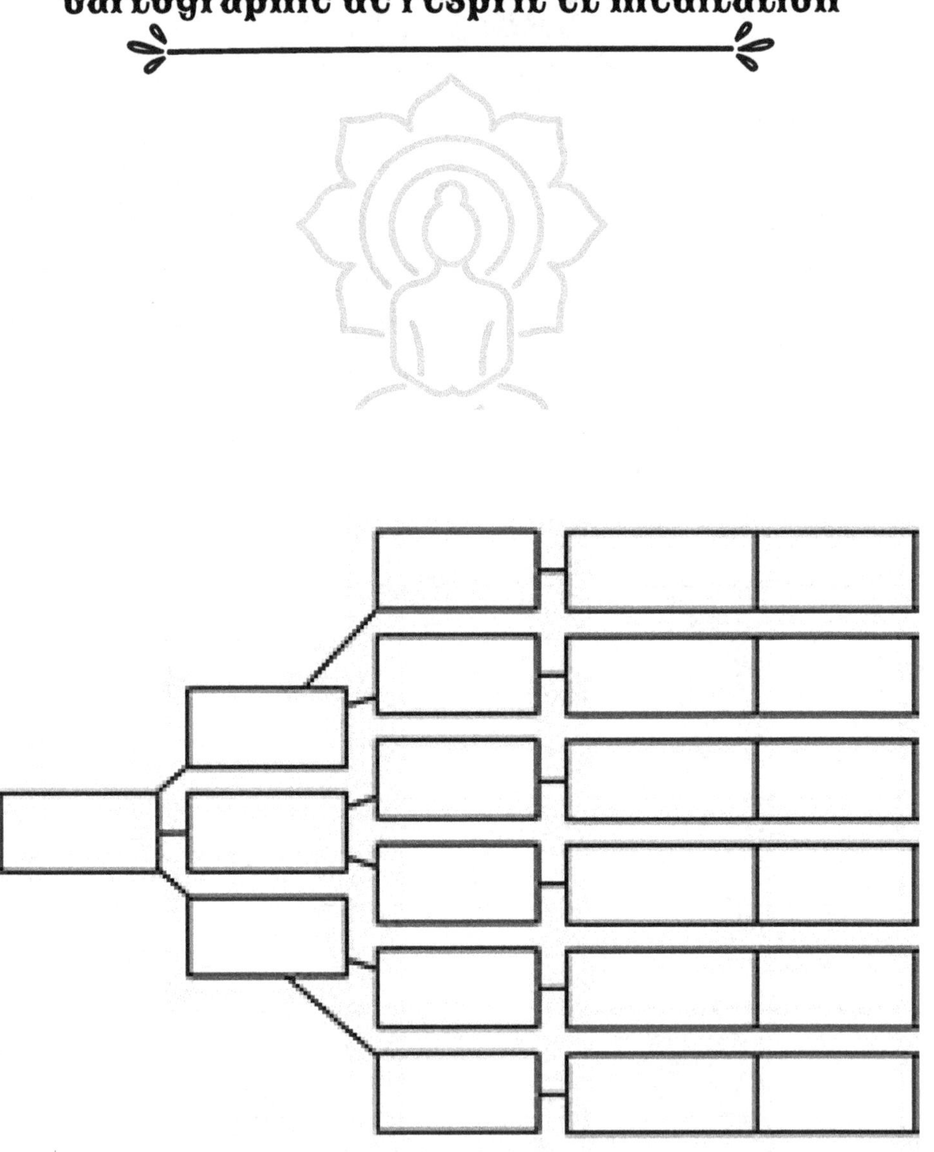

Date__/__/___

Notes d'aujourd'hui

"Ne vous limitez pas. Beaucoup de gens se limitent à ce qu'ils pensent pouvoir faire. Vous pouvez aller aussi loin que votre esprit vous le permet. Ce que vous croyez, souvenez-vous, vous pouvez le réaliser". - Mary Kay Ash

Challange

Cartographie de l'esprit et méditation

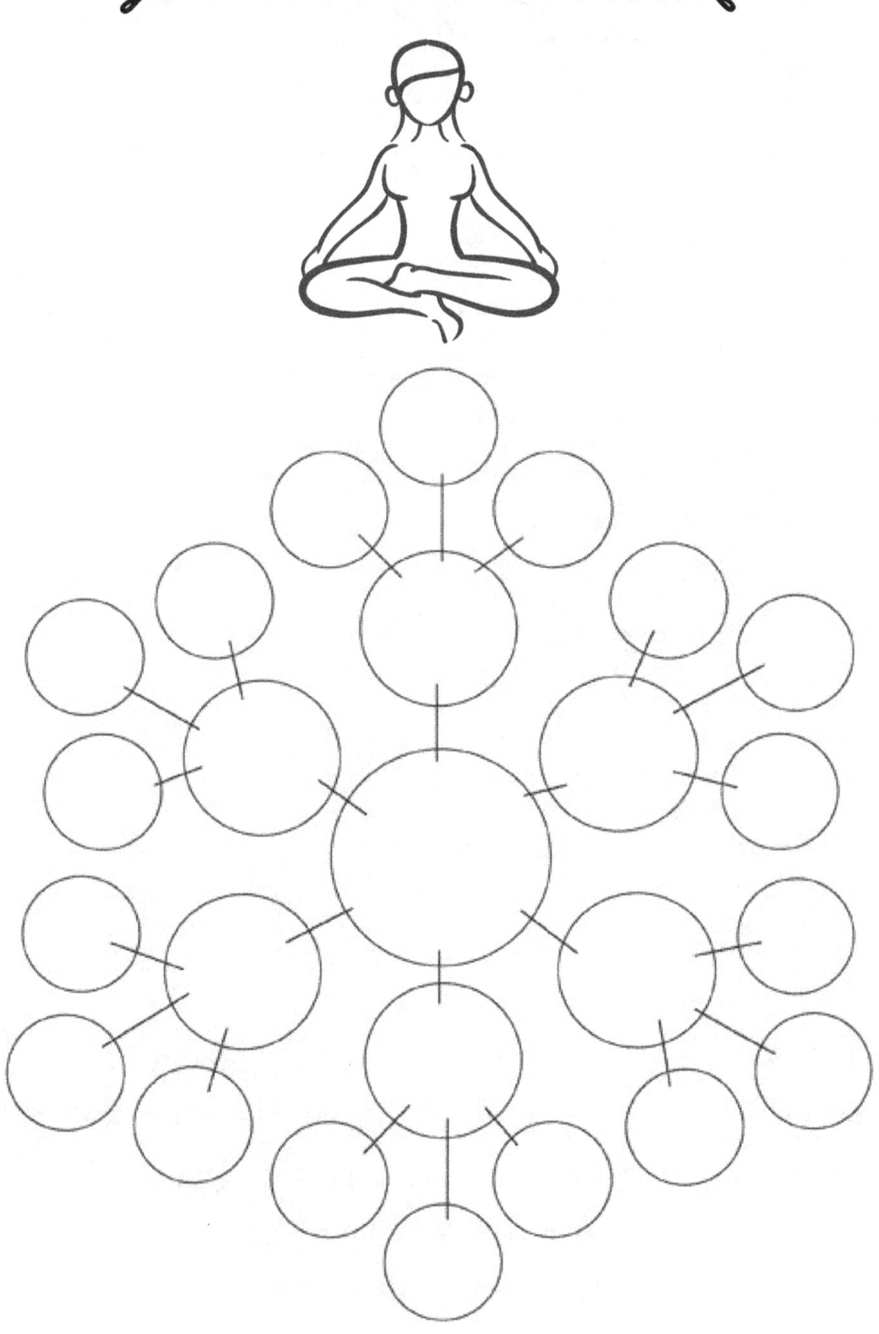

Notes d'aujourd'hui

"Le meilleur moment pour planter un arbre, c'était il y a 20 ans. Le deuxième meilleur moment est maintenant". - Proverbe chinois

Challange

Cartographie de l'esprit et méditation

Date__/__/___

Notes d'aujourd'hui

"Seuls les paranoïaques survivent." - Andy Grove

Challange

Cartographie de l'esprit et méditation

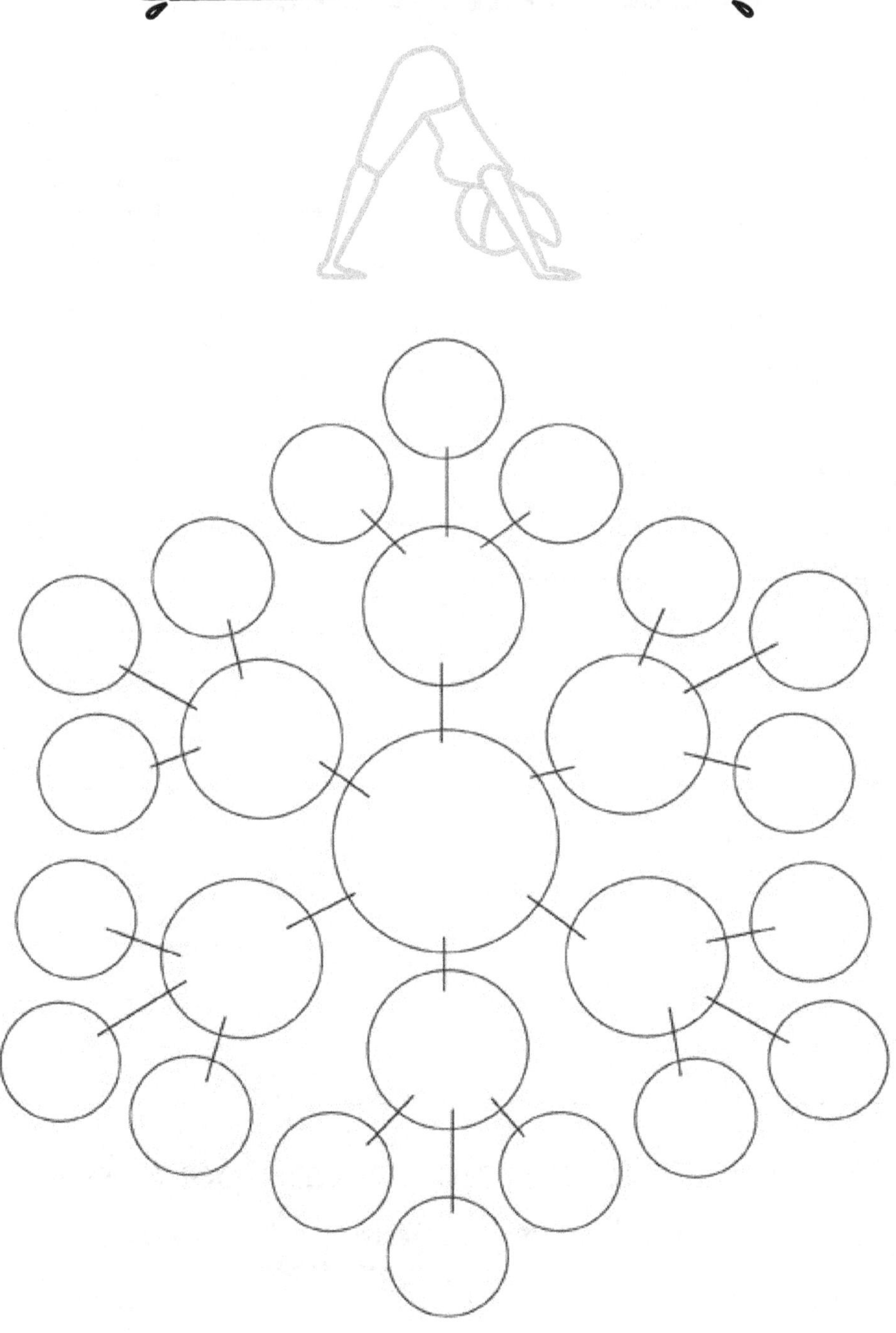

Notes d'aujourd'hui

"Il est difficile de battre une personne
qui n'abandonne jamais." - Babe Ruth

Challange

Cartographie de l'esprit et méditation

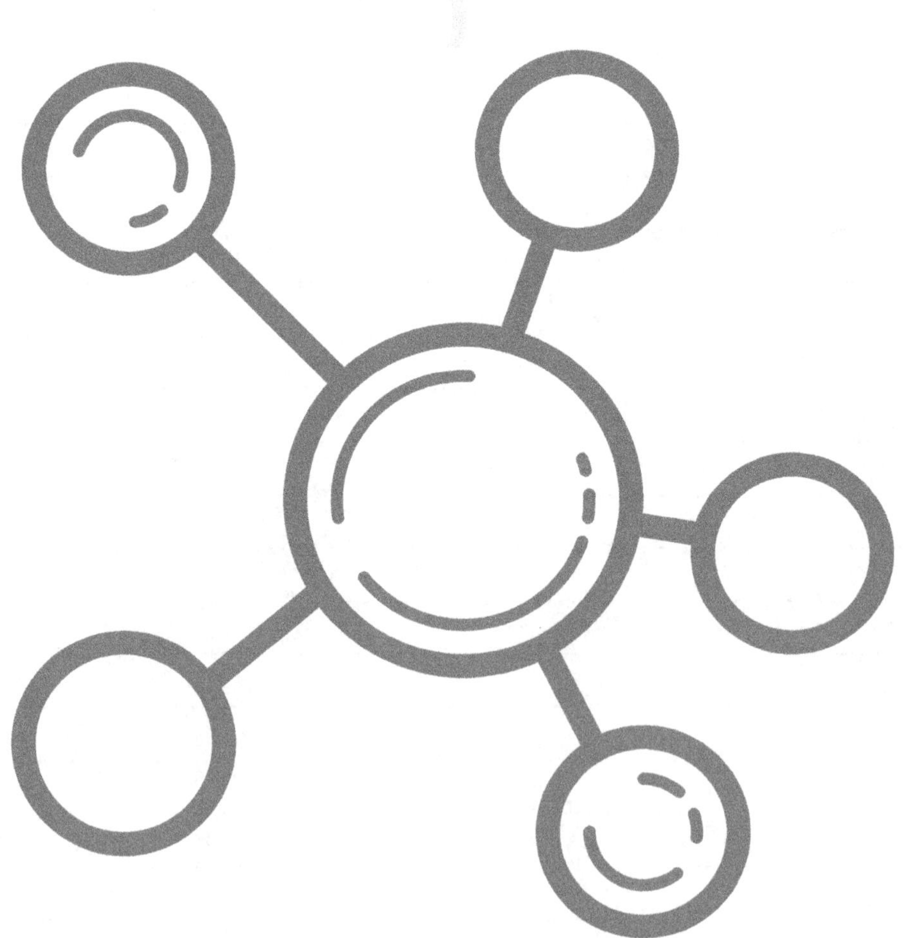

Date__/__/__

Notes d'aujourd'hui

"Si les gens doutent que vous puissiez aller loin, allez si loin que vous ne pourrez plus les entendre." - Michele Ruiz

Challange

Cartographie de l'esprit et méditation

Date___/___/___

Notes d'aujourd'hui

"Nous devons accepter que nous ne prendrons pas toujours les bonnes décisions, que nous nous planterons royalement parfois - en comprenant que l'échec n'est pas le contraire de la réussite, il fait partie de la réussite." - Arianna Huffington

Challange

Cartographie de l'esprit et méditation

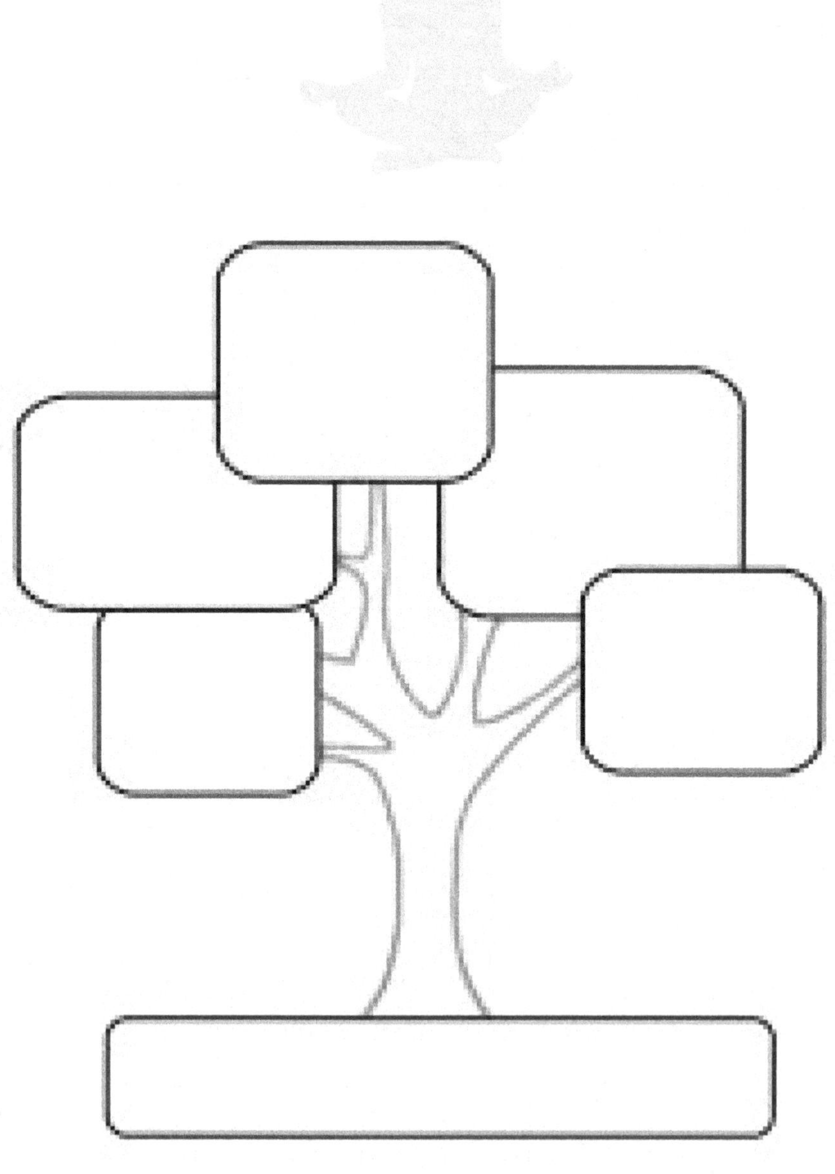

Date__/__/__

Notes d'aujourd'hui

Challange

Cartographie de l'esprit et méditation

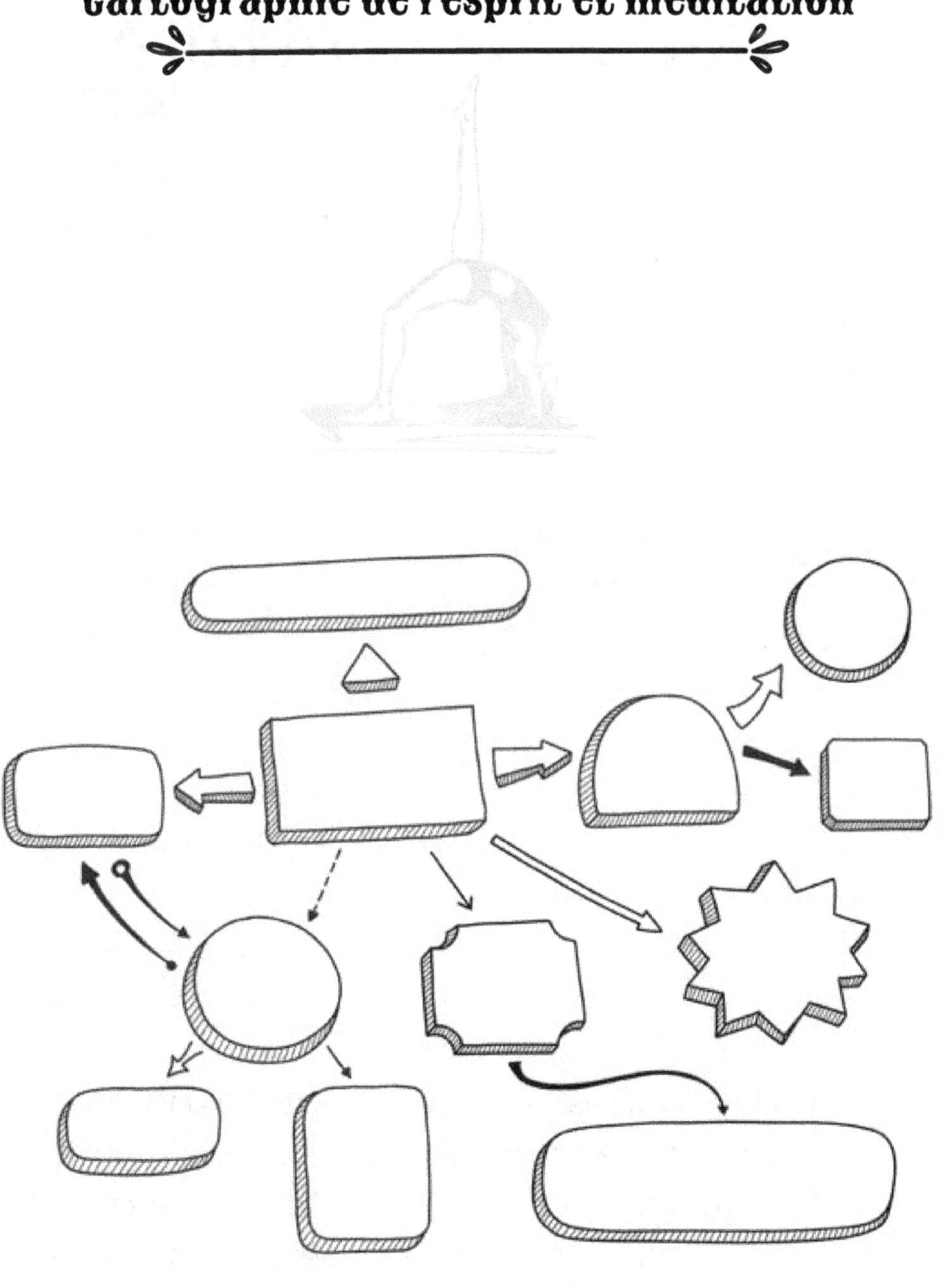

Date__/__/__

Notes d'aujourd'hui

"Tu dois danser comme si personne ne regardait, aimer comme si tu ne serais jamais blessé, chanter comme si personne n'écoutait, et vivre comme si c'était le paradis sur terre."
- William W. Purkey

Challange

Cartographie de l'esprit et méditation

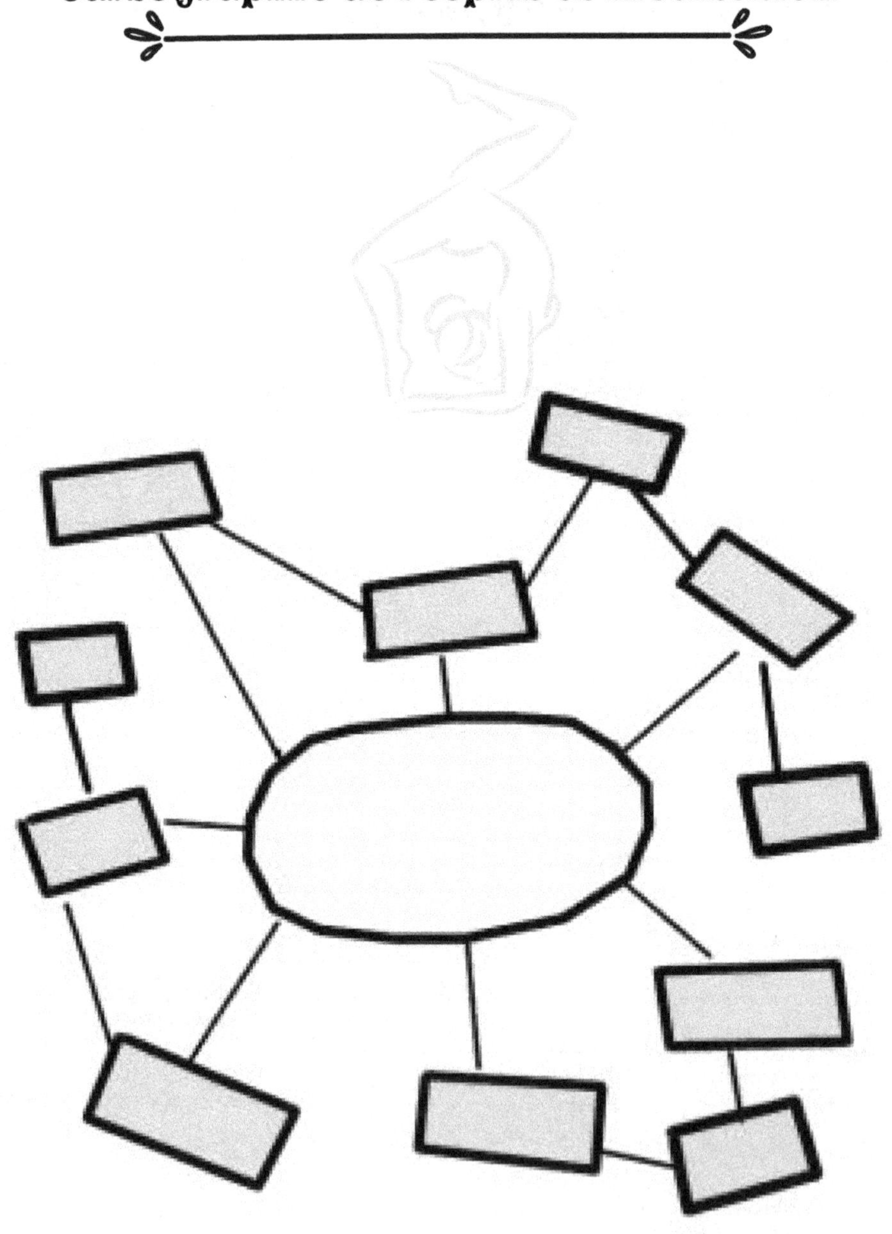

Date__/__/__

Notes d'aujourd'hui

"Les contes de fées sont plus que vrais :
non pas parce qu'ils nous disent que les
dragons existent, mais parce qu'ils nous
disent que les dragons peuvent être battus"
- Neil Gaiman

Challange

Cartographie de l'esprit et méditation

Date __/__/__

Notes d'aujourd'hui

"Tout ce que vous pouvez imaginer est réel" - Pablo Picasso

Challange

Cartographie de l'esprit et méditation

Date __/__/__

Notes d'aujourd'hui

"Quand une porte du bonheur se ferme,
une autre s'ouvre ; mais souvent nous
regardons si longtemps la porte fermée
que nous ne voyons pas celle qui nous a
été ouverte." - Helen Keller

Challange

Cartographie de l'esprit et méditation

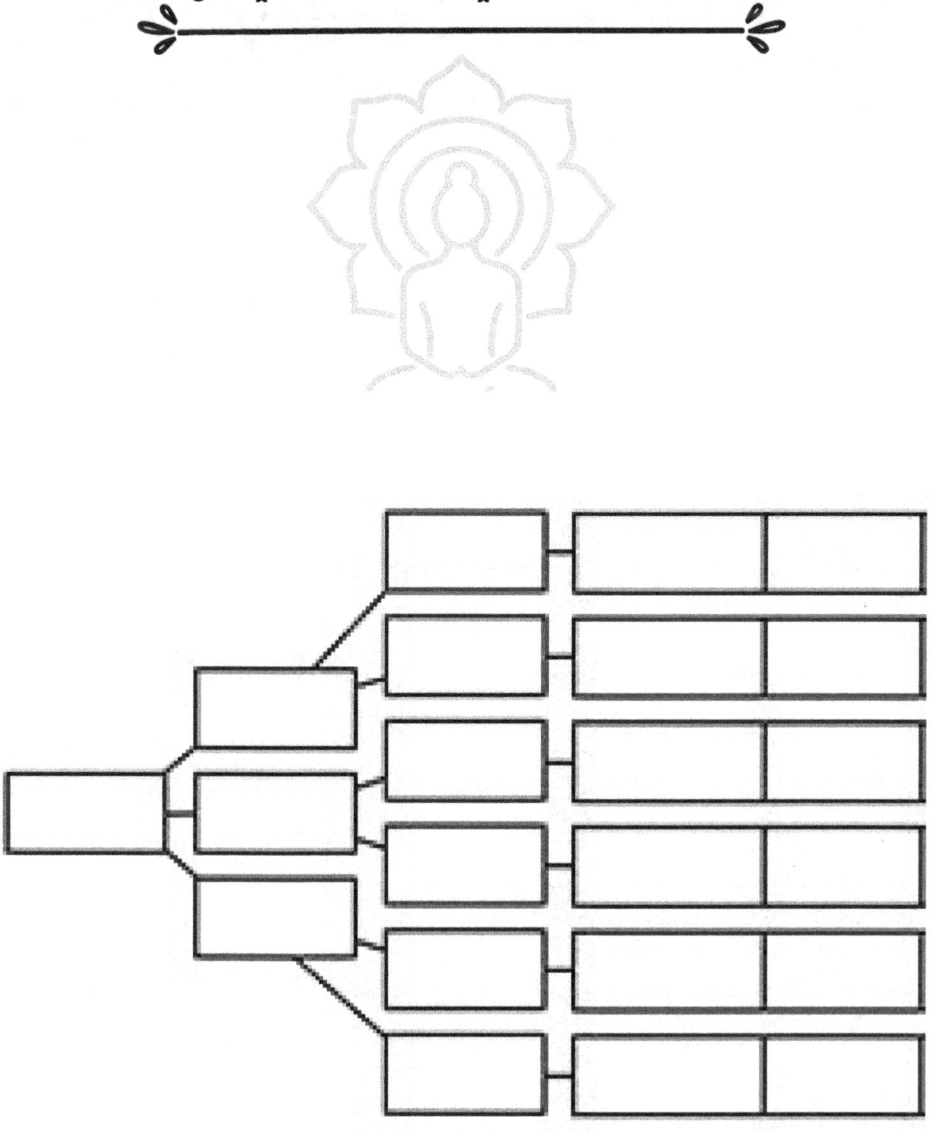

Date__/__/__

Notes of today

·————— "♡" —————·

"Ça ne sert à rien de retourner à hier,
parce que j'étais une personne
différente à l'époque" - Lewis Carroll

Challange

Cartographie de l'esprit et méditation

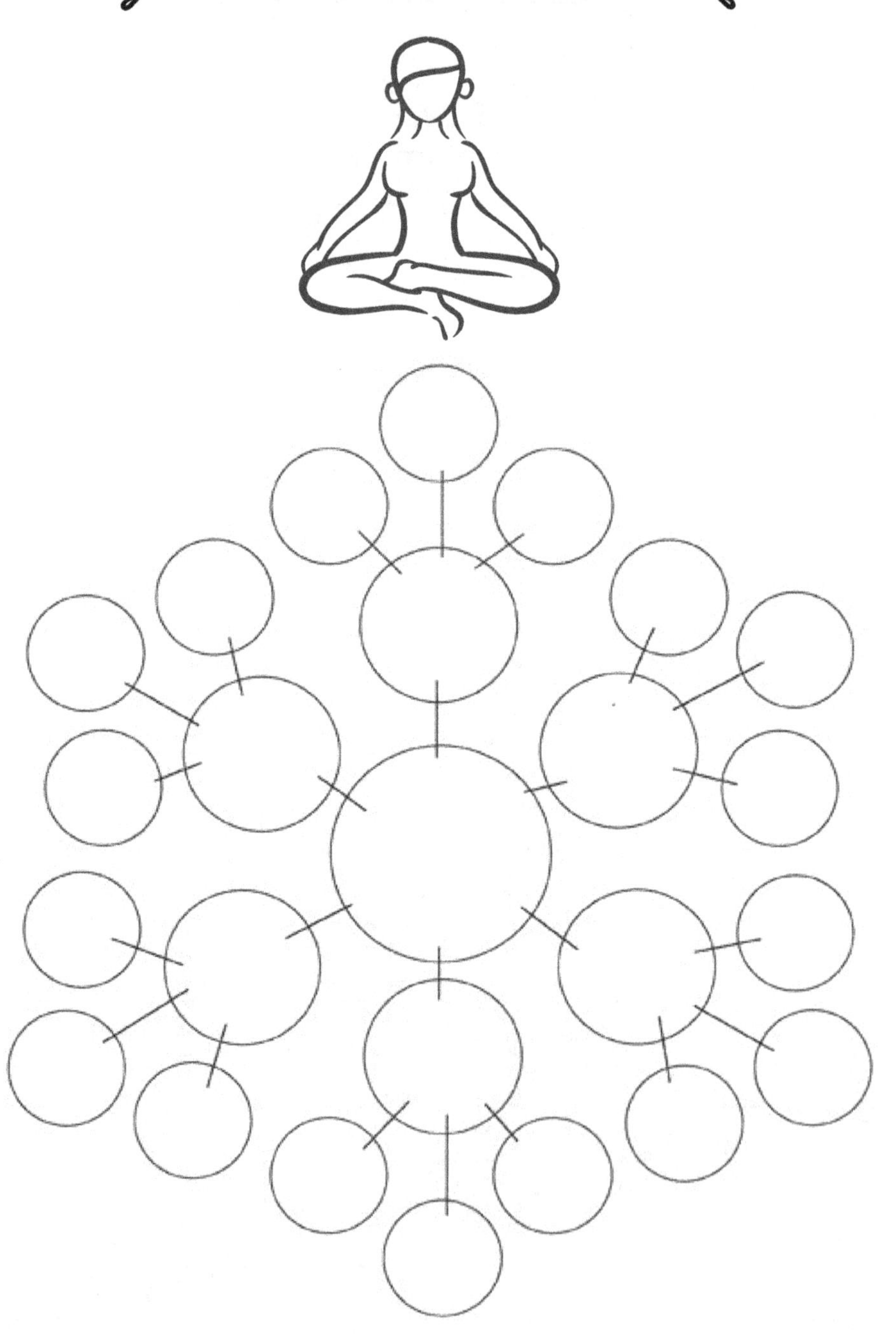

Date__/__/__

Notes of today

"Faites chaque jour une chose qui vous effraie" - Eleanor Roosevelt

Challange

Cartographie de l'esprit et méditation

Date__/__/__

Notes d'aujourd'hui

"Ça ne sert à rien de retourner à hier,
parce que j'étais une personne différente à
l'époque" - Lewis Carroll

Challange

Cartographie de l'esprit et méditation

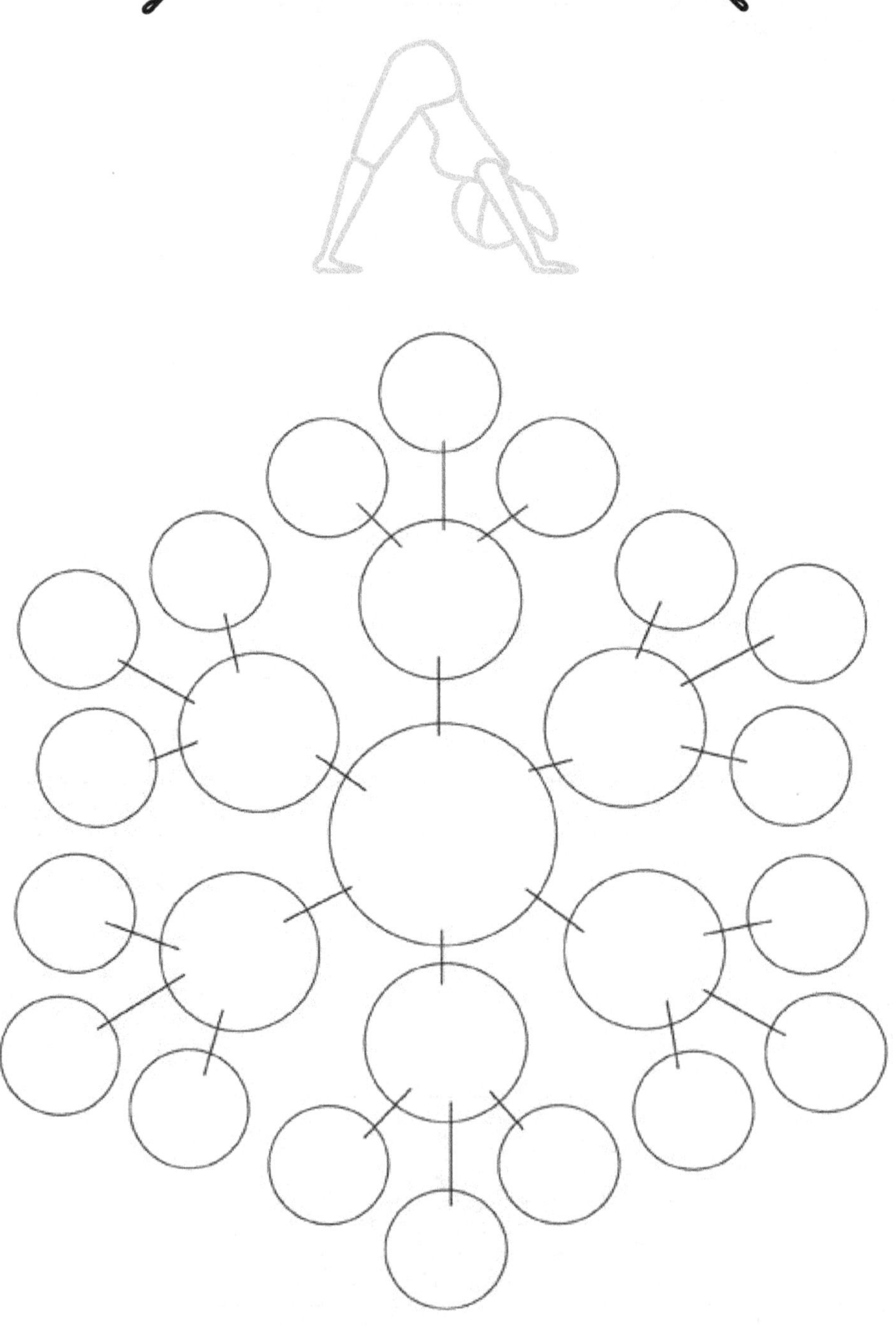

Date __/__/__

Notes d'aujourd'hui

"Les gens intelligents apprennent de tout et de tous, les gens moyens de leurs expériences, les gens stupides ont déjà toutes les réponses." - Socrates

Challange

Cartographie de l'esprit et méditation

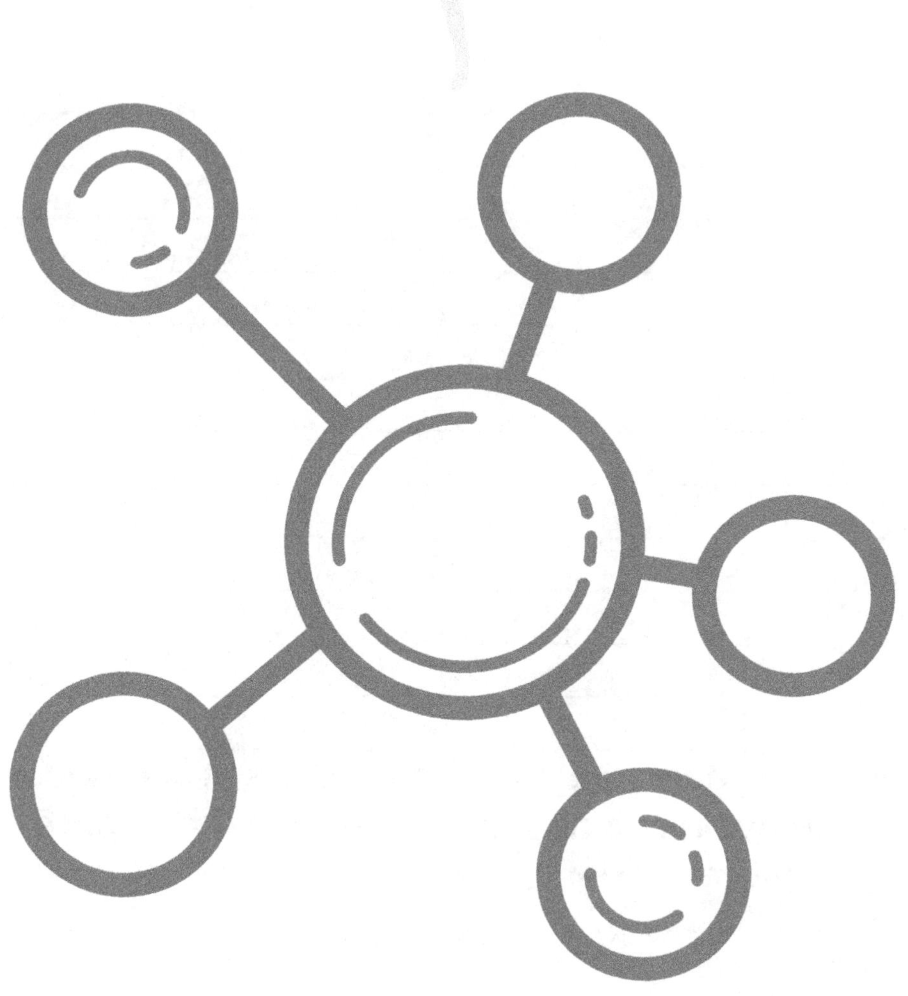

Date__/__/__

Notes d'aujourd'hui

Challange

Date__/__/__

Notes d'aujourd'hui

"Quoi que tu sois, sois bon." - Abraham Lincoln

Challange

Cartographie de l'esprit et méditation

Date__/__/___

Notes d'aujourd'hui

Challange

Cartographie de l'esprit et méditation

Date__/__/__

Notes d'aujourd'hui

"La magie, c'est croire en soi-même. Si vous pouvez faire en sorte que cela arrive, vous pouvez faire en sorte que tout arrive". - Johann Wolfgang Von Goethe

Challange

Cartographie de l'esprit et méditation

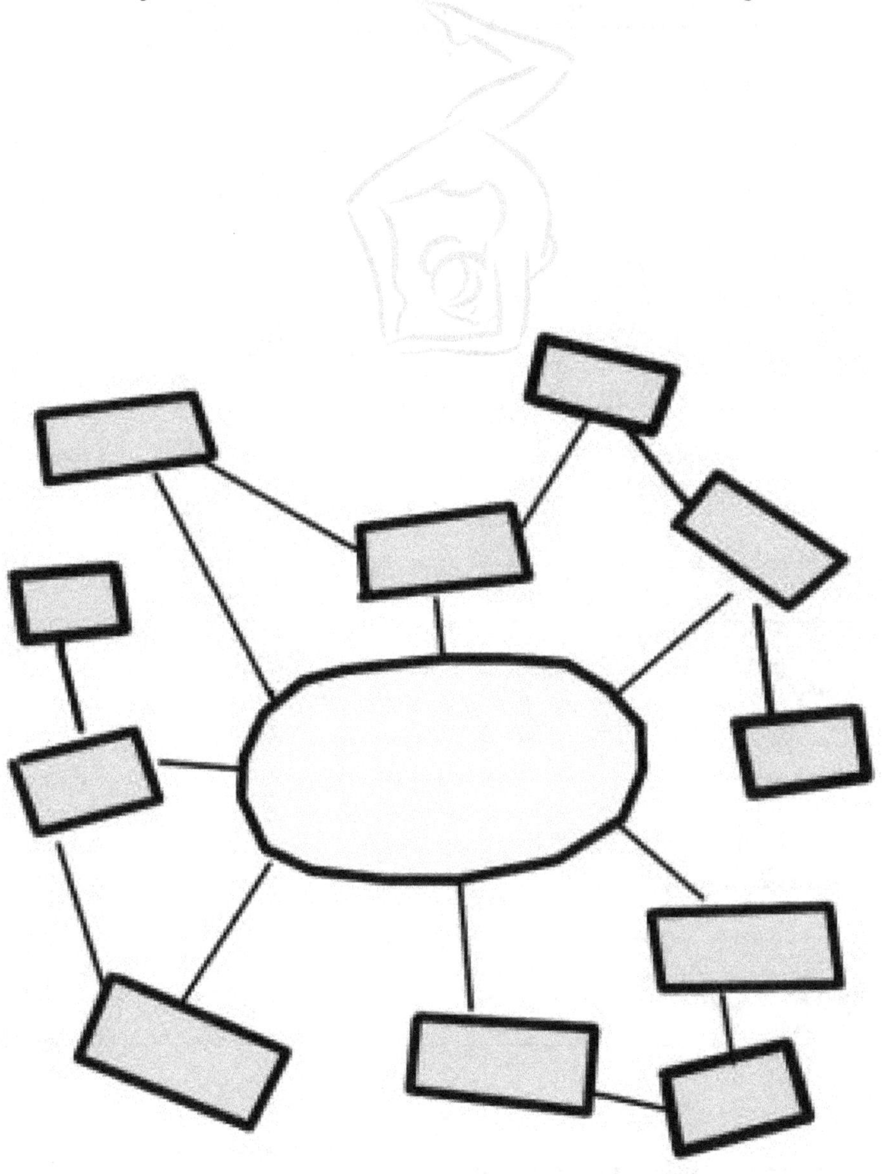

Date__/__/__

Notes d'aujourd'hui

"Impossible n'est qu'une opinion". - Paulo Goelho

Challange

Cartographie de l'esprit et méditation

Date__/__/__

Notes d'aujourd'hui

"Tous nos rêves peuvent se réaliser, si nous avons le courage de les poursuivre." - Walt Disney

Challange

Cartographie de l'esprit et méditation

Date__/__/___

Notes d'aujourd'hui

"Le secret pour avancer, c'est de commencer". - Mark Twain

Challange

Cartographie de l'esprit et méditation

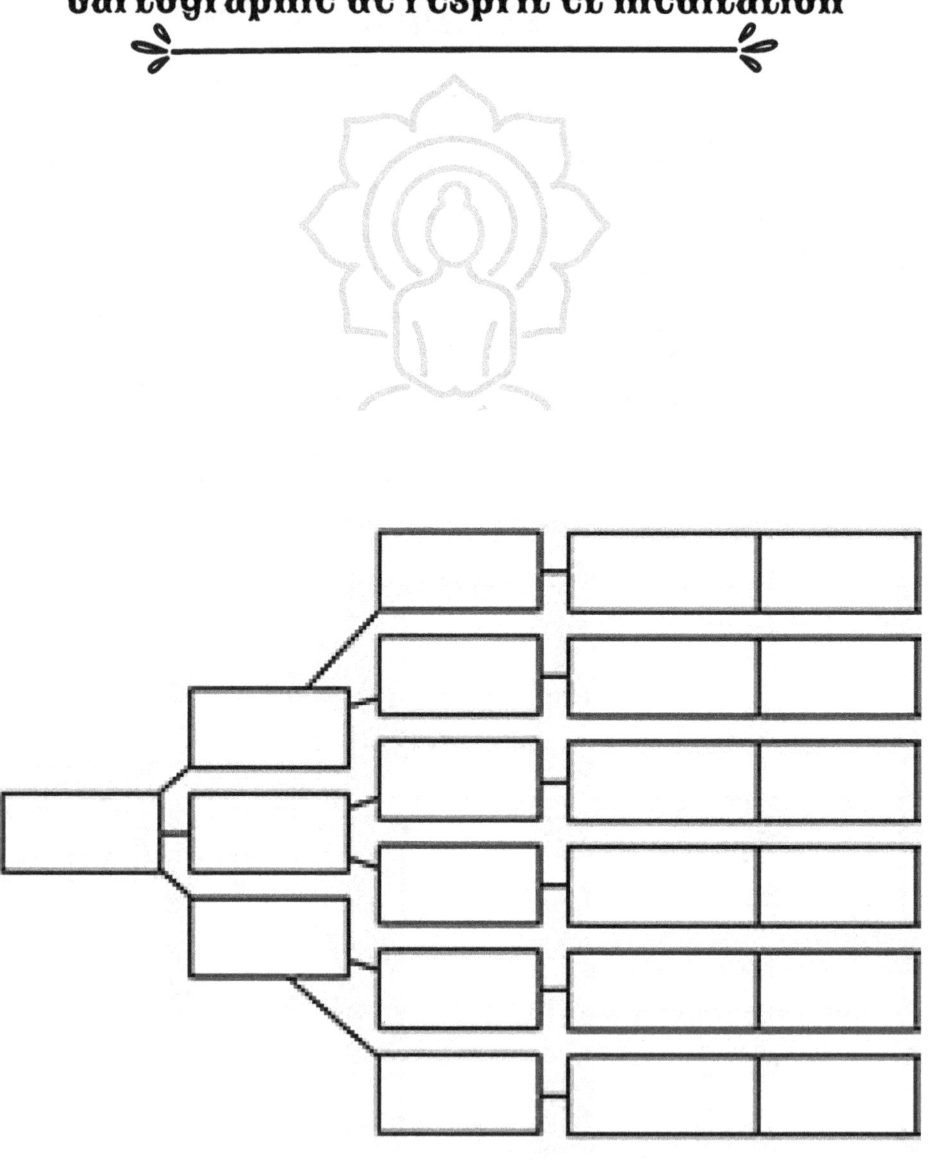

Notes d'aujourd'hui

"Ne vous limitez pas. Beaucoup de gens se limitent
à ce qu'ils pensent pouvoir faire. Vous pouvez
aller aussi loin que votre esprit vous le permet.
Ce que vous croyez, souvenez-vous, vous pouvez
le réaliser". - Mary Kay Ash

Challange

Cartographie de l'esprit et méditation

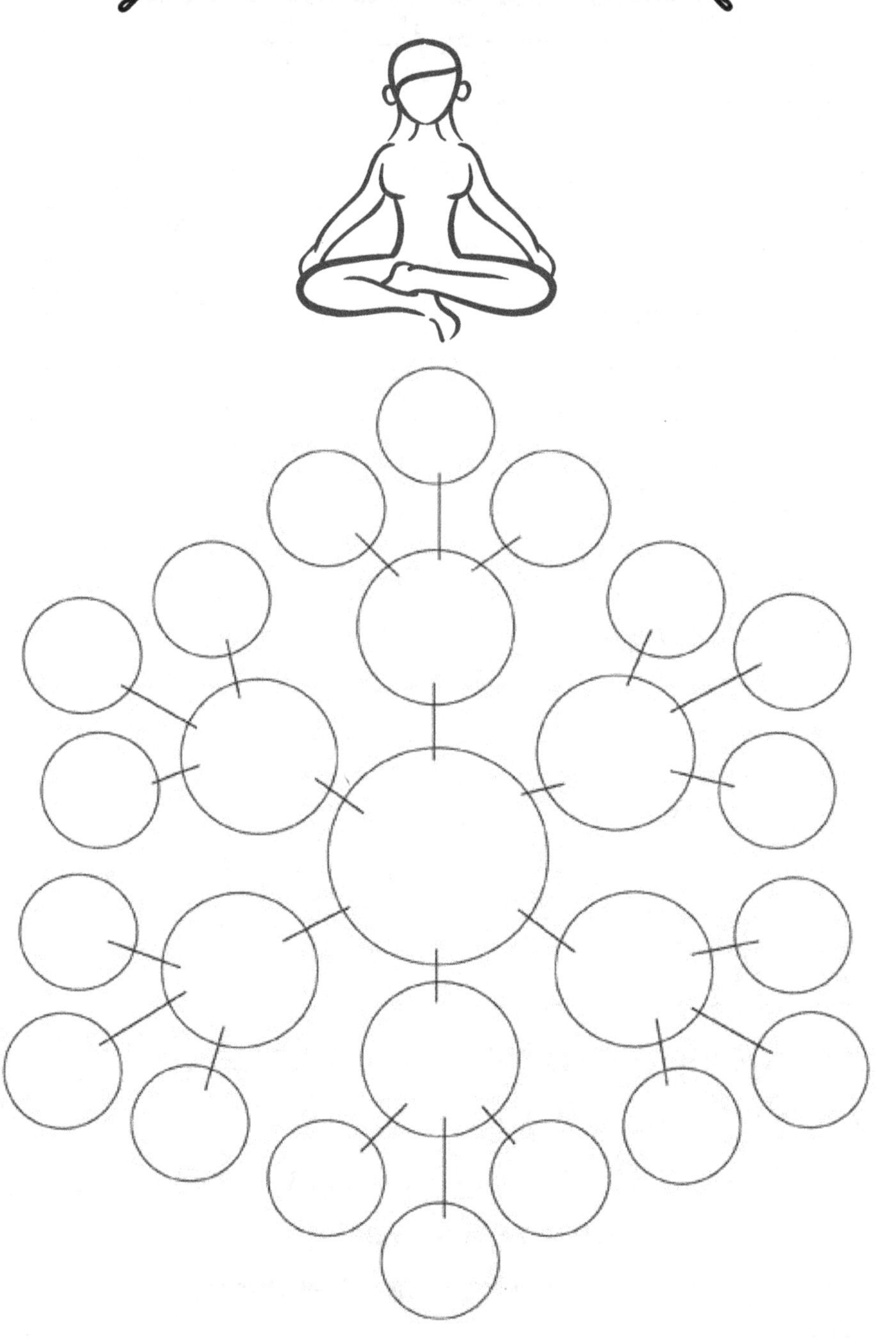

Date__/__/__

Notes d'aujourd'hui

"Le meilleur moment pour planter un arbre, c'était il y a 20 ans. Le deuxième meilleur moment est maintenant". - Proverbe chinois

Challange

Cartographie de l'esprit et méditation

Date__/__/__

Notes d'aujourd'hui

"Seuls les paranoïaques survivent." - Andy Grove

Challange

Cartographie de l'esprit et méditation

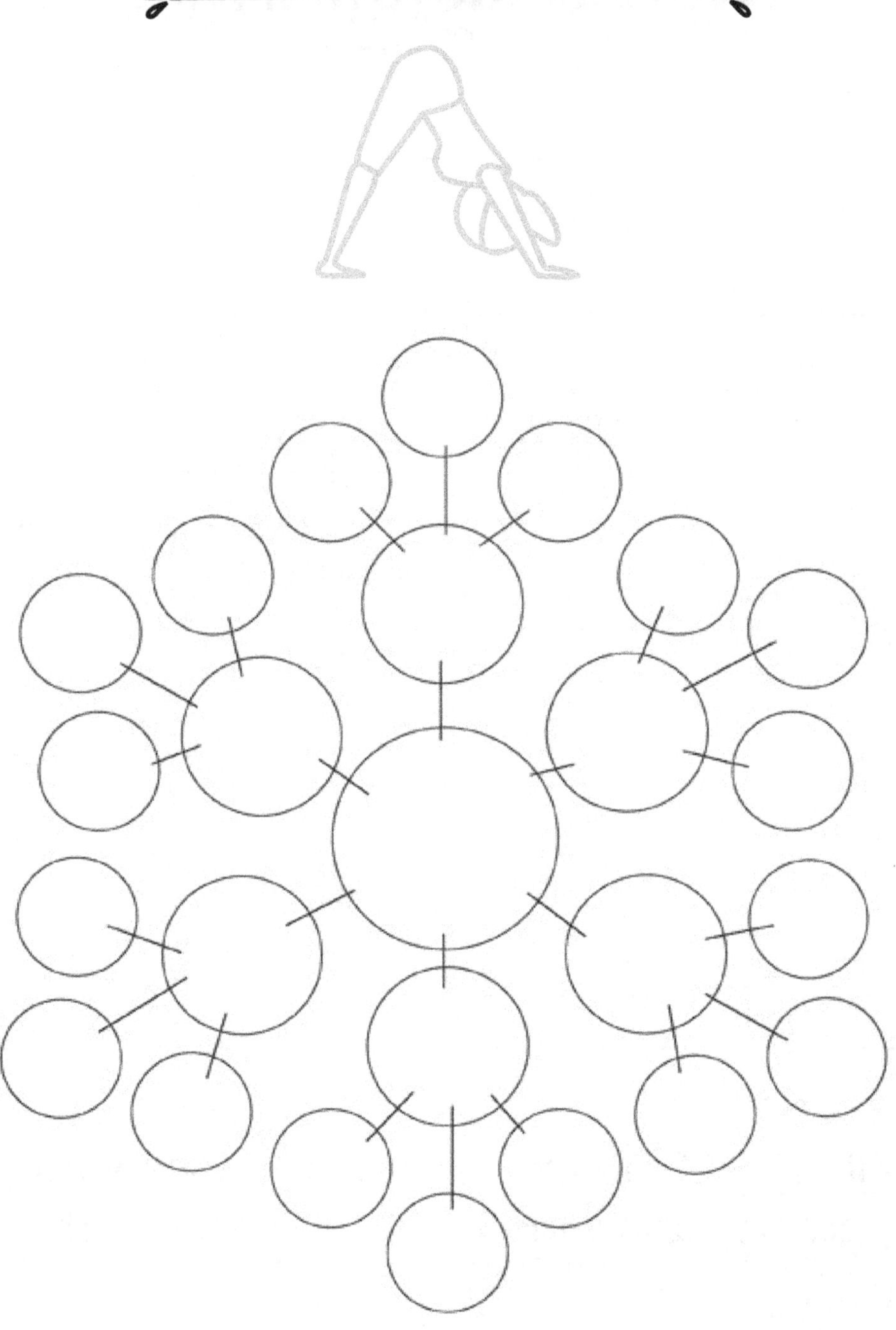

Date__/__/___

Notes d'aujourd'hui

"Il est difficile de battre une personne
qui n'abandonne jamais." - Babe Ruth

Challange

Cartographie de l'esprit et méditation

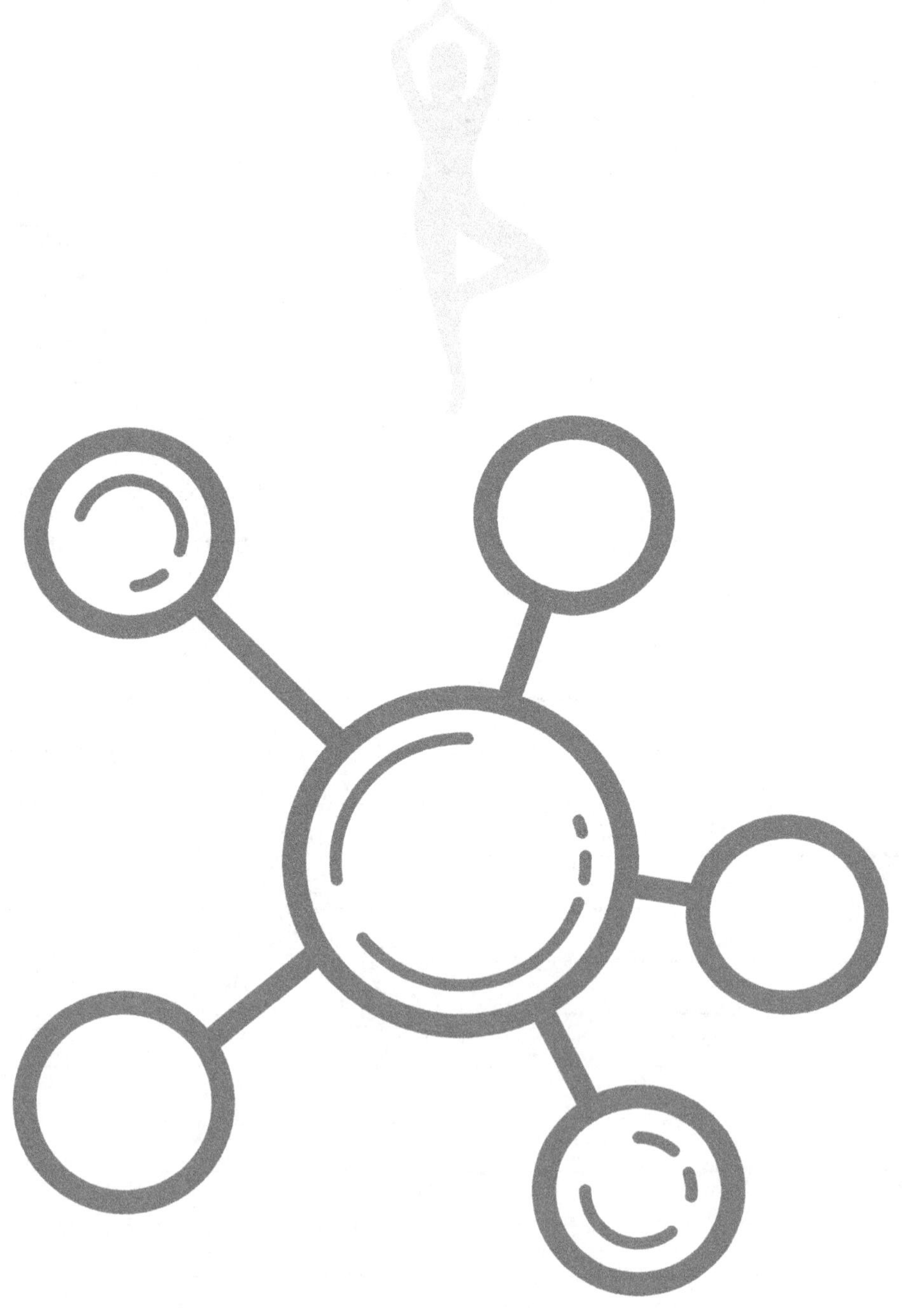

Date__/__/___

Notes d'aujourd'hui

"Si les gens doutent que vous puissiez aller loin, allez si loin que vous ne pourrez plus les entendre." - Michele Ruiz

Challange

Cartographie de l'esprit et méditation

Date__/__/__

Notes d'aujourd'hui

"Nous devons accepter que nous ne prendrons pas toujours les bonnes décisions, que nous nous planterons royalement parfois - en comprenant que l'échec n'est pas le contraire de la réussite, il fait partie de la réussite." - Arianna Huffington

Challange

Cartographie de l'esprit et méditation

Date__/__/__

Notes d'aujourd'hui

"Écrivez le. Filmez-le. Publiez-le. Crochetez le, faites le sauter, peu importe. FAIRE." - Joss Whedon

Challange

Cartographie de l'esprit et méditation

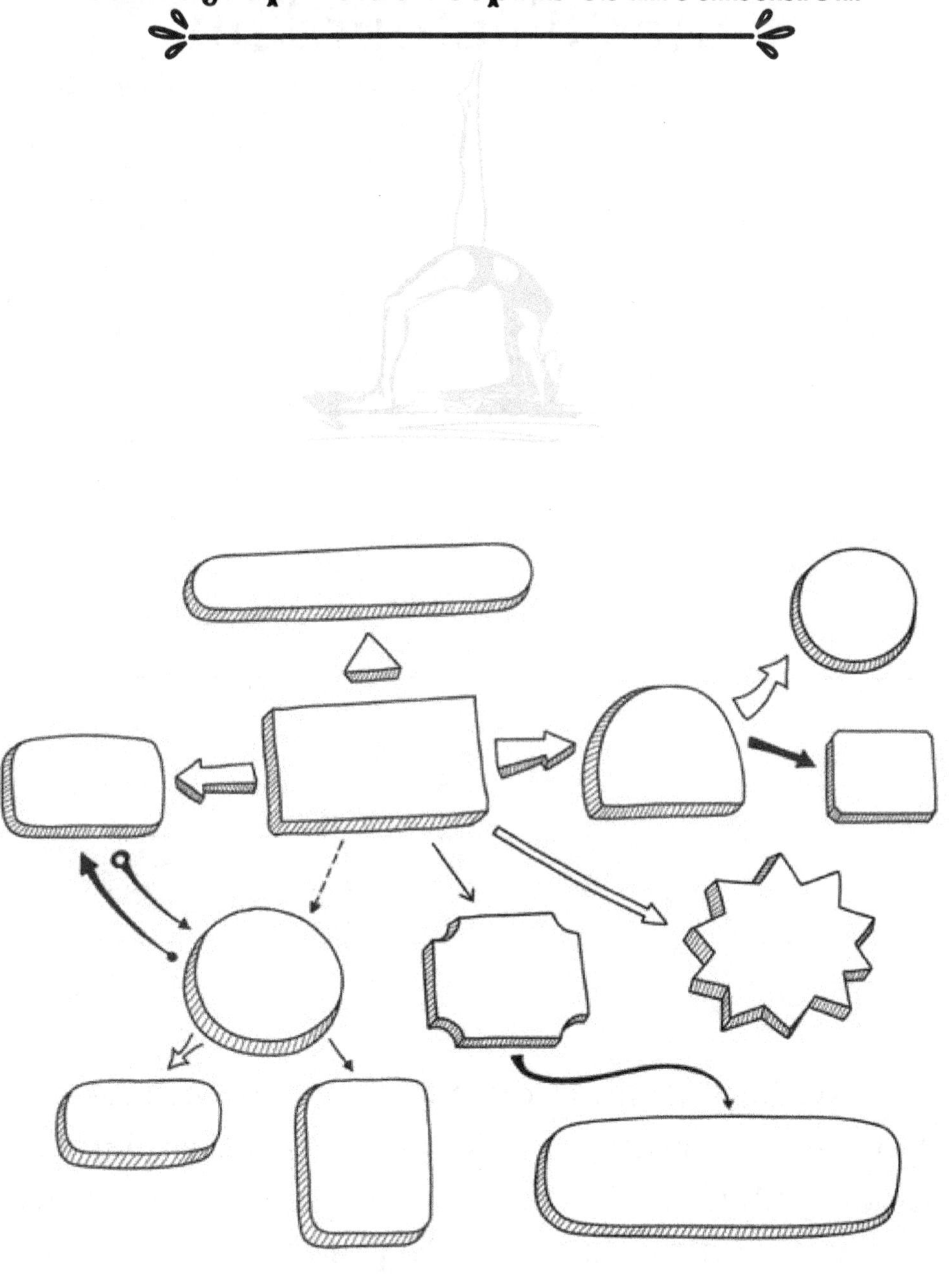

Date__/__/__

Notes d'aujourd'hui

"Tu dois danser comme si personne ne regardait, aimer comme si tu ne serais jamais blessé, chanter comme si personne n'écoutait, et vivre comme si c'était le paradis sur terre."
- William W. Purkey

Challange

Cartographie de l'esprit et méditation

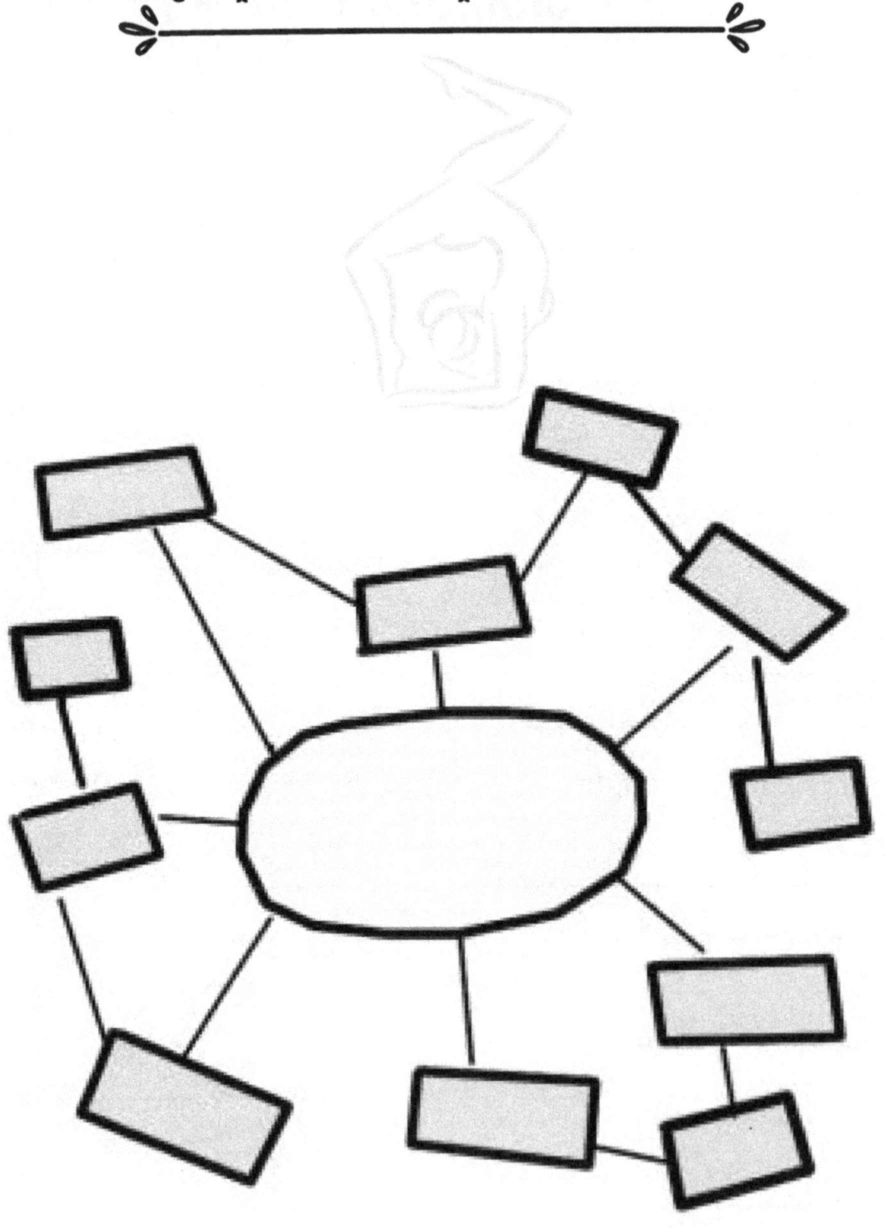

Date__/__/__

Notes d'aujourd'hui

"Les contes de fées sont plus que vrais :
non pas parce qu'ils nous disent que les
dragons existent, mais parce qu'ils nous
disent que les dragons peuvent être battus"
- Neil Gaiman

Challange

Je vous remercie!

Nous espérons que vous avez apprécié notre livre.
En tant que petite entreprise familiale, vos commentaires sont essentiels pour nous.
Veuillez nous faire savoir comment vous avez aimé notre livre à:

Procurement@Differduss.com

CPSIA information can be obtained
at www.ICGtesting.com
Printed in the USA
BVHW060448050521
606425BV00006B/1428